世界顶级设计

卖场与娱乐空间

No.47: 编辑-Kwon Younhwa, Hwang Seongkyoung, Yoon Jihye, Park Jinkyoung.
设计者-Jeon Misook.
No.58: 编辑- Oh Eunkyoung, Ha Jihae,
设计者-Jeon Misook, Kim Joohee
No.59: 编辑 -Oh Eunkyoung, Ha Jihae, Choi jihyun
设计者-Jeon Misook, Kim Joohee
No.61: 编辑- Ha Jihae, Choi Jihyun
设计者 - Lee Heeyoung, Jeong Hyunhae.
No.64: 编辑 - Ha Jihae, Choi Jihyun, Choi Yuree
设计者 - Lee Heeyoung, Jeong Hyunhae.
No.65: 编辑 - Lily Choi, Ha jihae, Choi Jihyun
设计者 - Lee Heeyoung, Jeong Hyunhae.
No.67: 编辑 - Choi Jihyun, Ha Jihae
设计者- Lee Heeyoung, Jeong Hyunhae.
No.68: 编辑 - Choi Jihyun, Ha Jihae
设计者- Lee Heeyoung, Jeong Hyunhae
No.69: 编辑 - Choi Jihyun, Ha Jihae
设计者 - Lee Heeyoung, Jeong Hyunhae.

翻译—徐守勤　姚学莉　侯薇育
审订—徐守勤

时代出版传媒股份有限公司
安 徽 科 学 技 术 出 版 社
Archiworld Co. ,Ltd

［皖］版贸登记号：1210866

图书在版编目(CIP)数据

卖场与娱乐空间/徐守勤，姚学莉，侯薇育编译. —合肥：安徽科学技术出版社，2012.9
（世界顶级设计）
ISBN 978-7-5337-5785-4

Ⅰ.①卖…　Ⅱ.①徐…②姚…③侯…　Ⅲ.①商店-室内装饰设计-韩国-图集②文娱活动-公共建筑-室内装饰设计-韩国-图集　Ⅳ.①TU247.2-64②TU242.4-64

中国版本图书馆 CIP 数据核字(2012)第 216307 号

卖场与娱乐空间　　徐守勤　姚学莉　侯薇育　编译

出 版 人：黄和平　　选题策划：刘三珊　　责任编辑：刘三珊
责任校对：陈会兰　　责任印制：廖小青　　封面设计：王　艳
出版发行：时代出版传媒股份有限公司　http://www.press-mart.com
安徽科学技术出版社　http://www.ahstp.net
（合肥市政务文化新区翡翠路 1118 号出版传媒广场，邮编：230071）
电话：(0551)3533330
印　　制：合肥华云印务有限公司　电话：(0551)3418899
（如发现印装质量问题，影响阅读，请与印刷厂商联系调换）

开本：889×1194　1/16　　印张：9.75　　字数：345 千
版次：2012 年 9 月第 1 版　　2012 年 9 月第 1 次印刷

ISBN 978-7-5337-5785-4　　定价：50.00 元

目　录

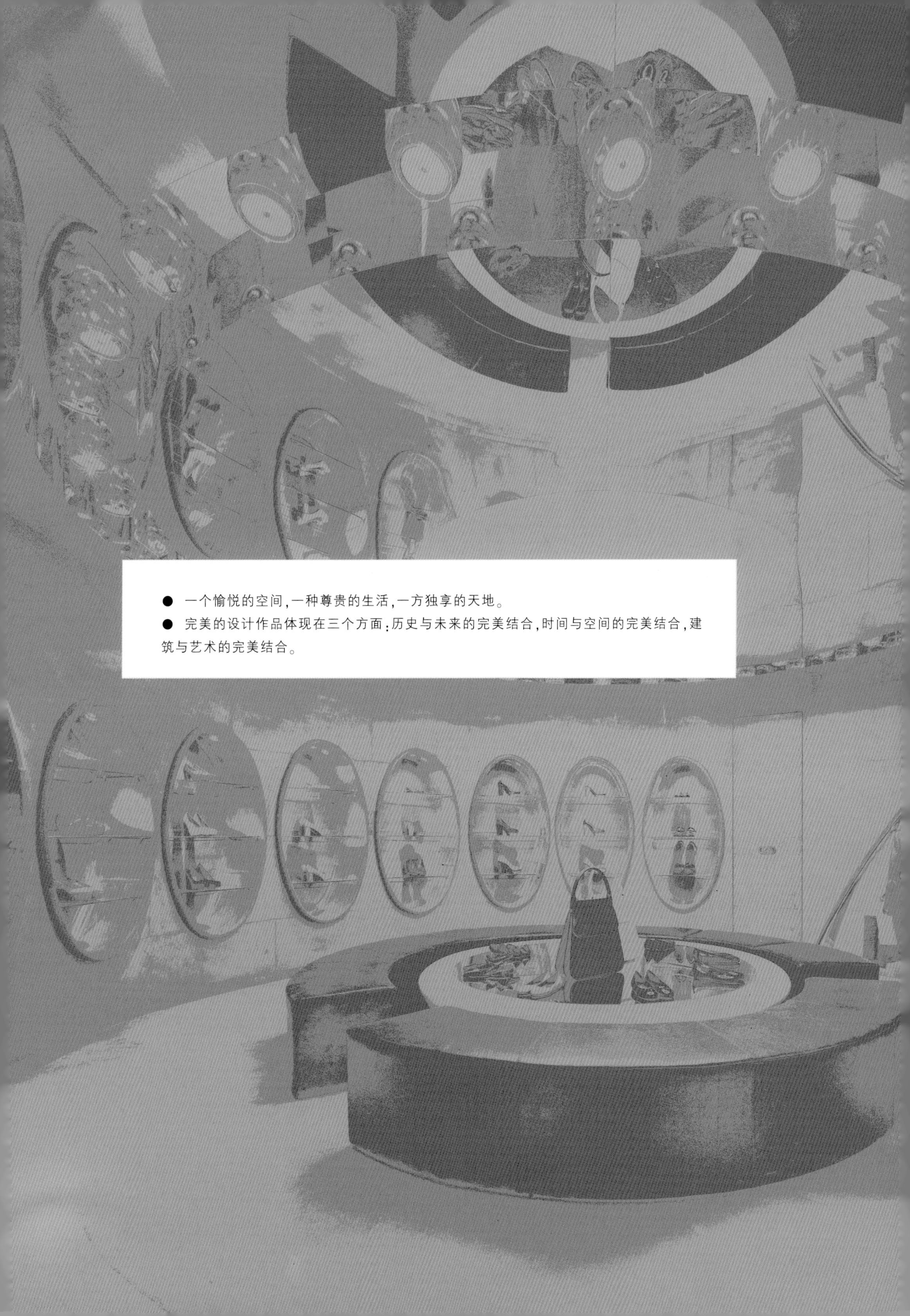

● 一个愉悦的空间，一种尊贵的生活，一方独享的天地。

● 完美的设计作品体现在三个方面：历史与未来的完美结合，时间与空间的完美结合，建筑与艺术的完美结合。

KITO观念展览厅

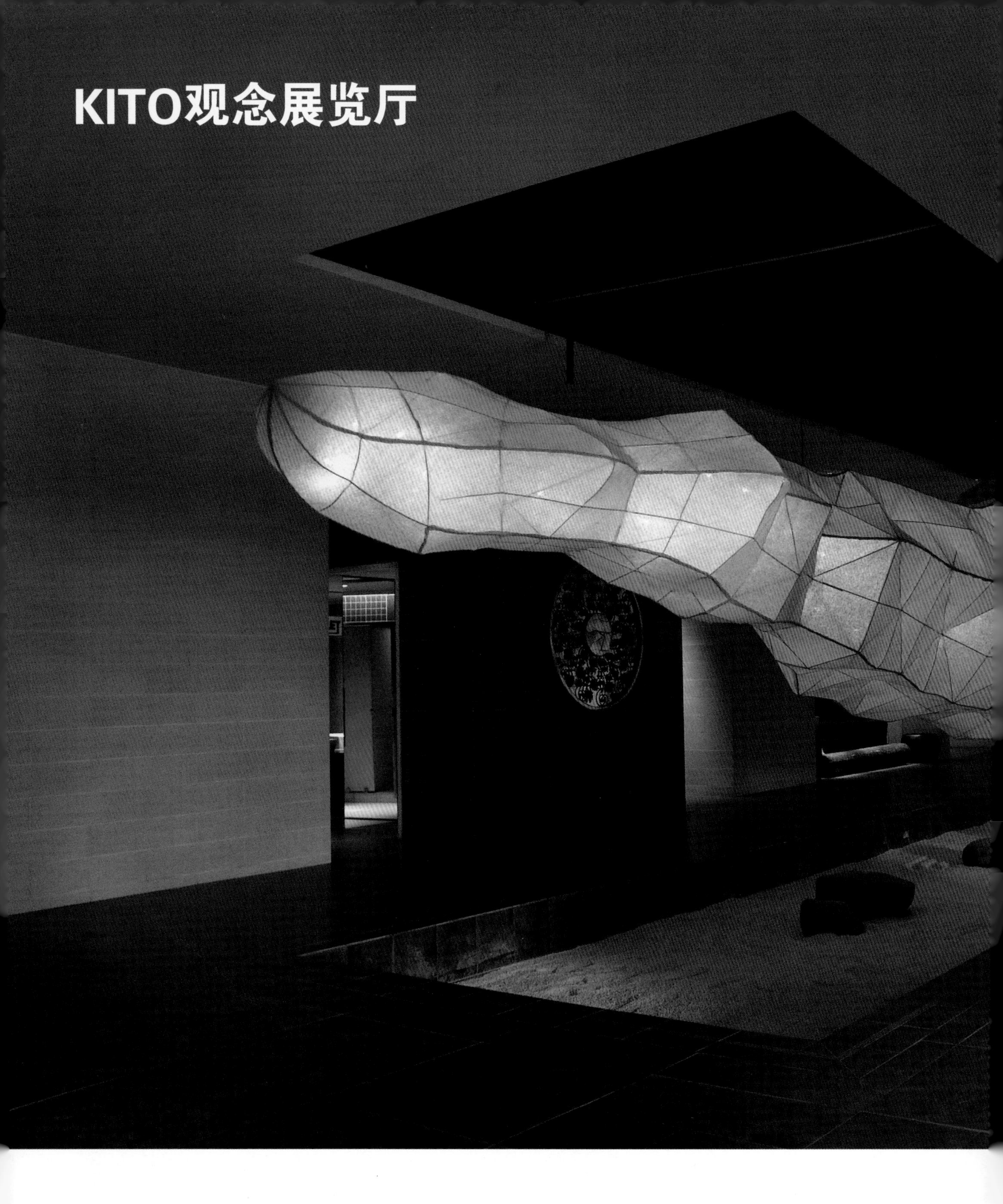

设计：东方理想设计室　张星
施工：佛山海华装饰工程股份有限公司
地点：中国广东佛山石湾镇吉花三路
建筑面积：2 000 平方米
摄影：张星　钱湘

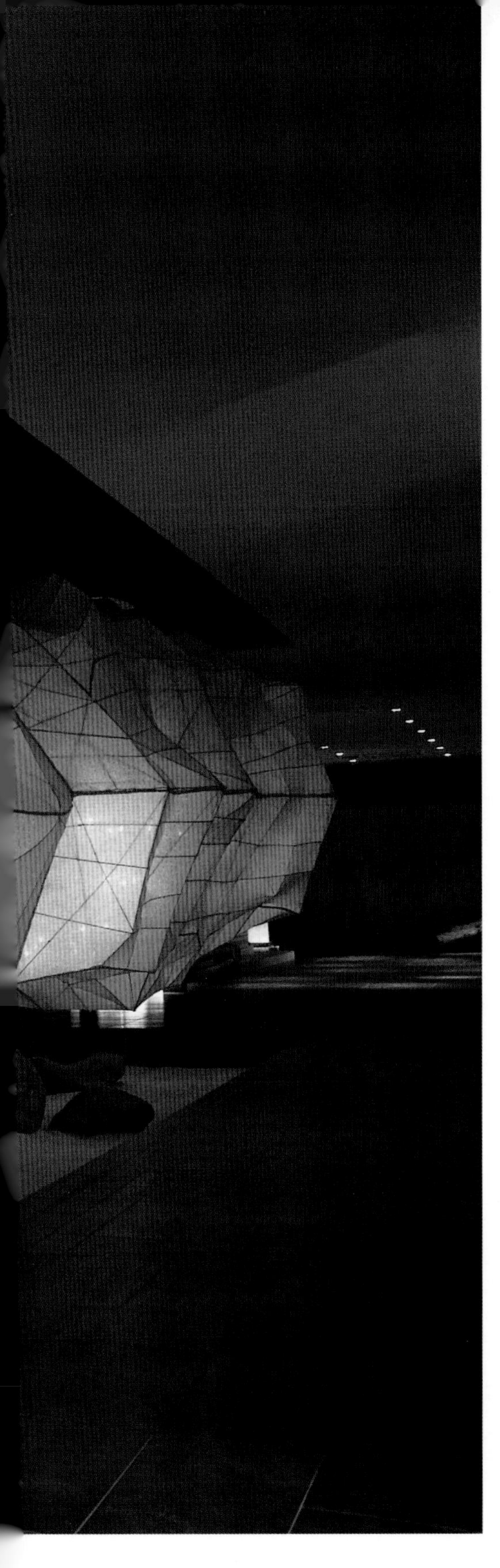

为满足企业“打造独特的佛山陶瓷展览大厅”的愿望，展厅设计师多次与业主交流意见，并于一周内定下最终设计方案。经过四十多天的精心装修，一座体现 KITO 观念的展厅最终落成。该展厅摆脱了“为销售而销售，为展示而展示”的传统模式，用 KITO 产品进行外装修，从而更有效地发扬光大了企业文化。

整座建筑分为四层。一楼是整个展厅的灵魂，共有九大景观：一界乾坤、檀香古梁、窗泻丹青、云鼎堂间、九宫镇宇、天地物语、五行含壁、星空浩淼、落步生辉。二楼为常规展厅，供陈列展品之用。内设洽谈区、样板间以及吧台等。在这里，设计师通过产品的实际应用展示产品的特质。你还可以从这儿欣赏到一楼九宫镇宇、天地物语等景致。三层、四层为办公区。设计师将 KITO 瓷砖做成的各式装饰品陈设于廊道之中，开启了新产品应用之门，真是匠心独运。

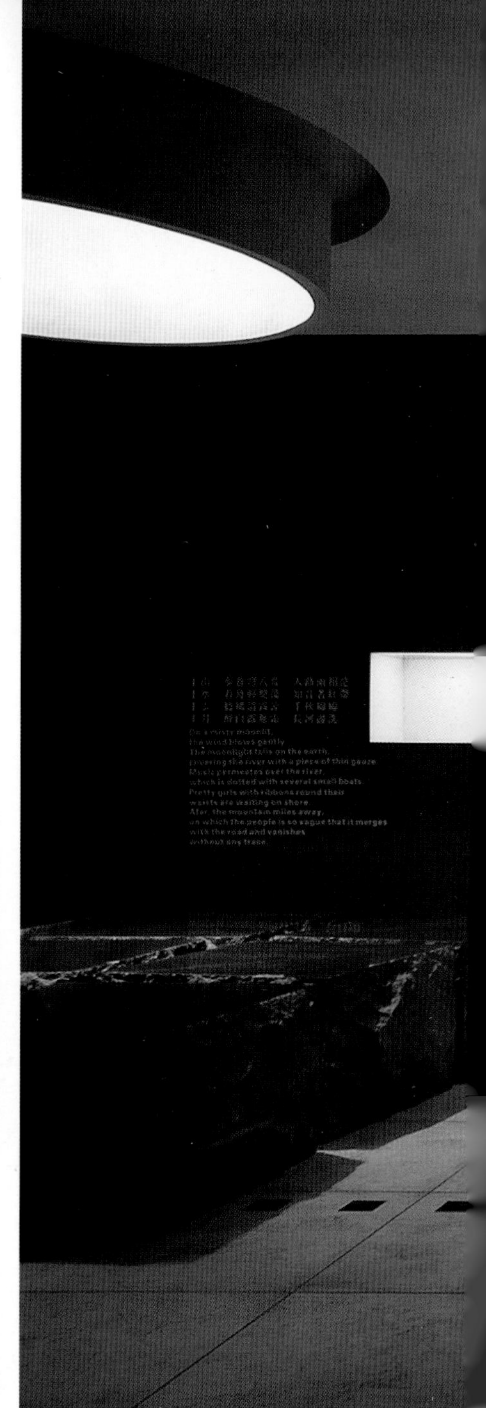

黑色石材、黑色墙壁把展厅映衬得十分光亮

展厅的阴暗和展示台的亮光将展品突显出来

墙壁、地板和饰品在深褐色的基调中构建出宁静的氛围

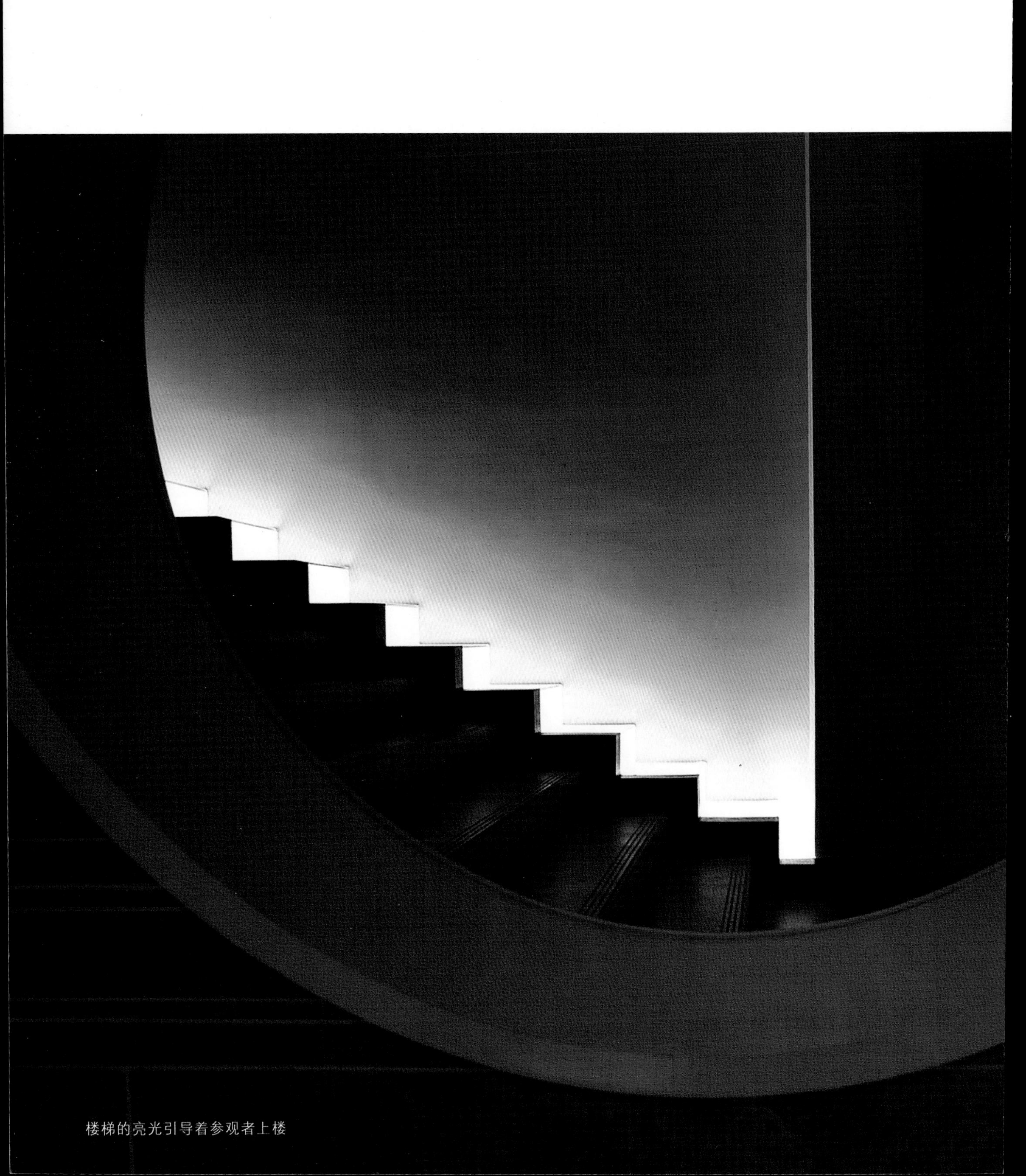

楼梯的亮光引导着参观者上楼

壁上圆窗透出的景致引发人的好奇心

地板映照出的展品使整个展厅显得宽敞并透出神秘感

两个形象化的艺术灯饰使人对暗处不可见的空间产生一窥究竟的感觉

红色基调光线给人以温暖的感觉

光照在盆景上,映射出蓬勃生机

云鼎堂间

木柴的整齐码放亦可作为装饰

墙壁和地板上的点点灯光像浩淼星海

深红色的光照和天花板上的淡蓝色灯光相得益彰

时尚卖场

窦腾璜和张李玉菁老虎购物中心

杜嘉班纳(多尔切和加巴那)

DKNY 旗舰店

WALK
NO PARKING BETWEEN SIGNS

窦腾璜和张李玉菁

老虎购物中心

中国台湾时装设计师窦腾璜和张李玉菁的时装展示厅重新诠释了时装与建筑理念之间的关系。展厅的装修使人同时体验其功能与空间的作用。展厅内有两组不锈钢装饰线交错织成的图案，闪闪发光。两组图案用细钢丝吊着并伸展开来，由此构成的展示空间给人以动态感。墙体和地面采用有光泽的铝板铺就，给人以冷静、辉煌的感觉，充分反映了客户的时尚观念。这种装饰可以满足悬挂时装的至高需求。顾客在享受购物乐趣的同时亦可欣赏展厅的装饰美，仿佛置身于艺术博物馆中。两组不锈钢图案十分协调，体现了作为三大品牌①之一的购物中心和两大设计师之间的合作关系。

老虎购物中心作为富有现代感的明快的空间，试图表现时装与建筑物相结合所产生的美感。该时装展厅依据建筑美学最新数字设计趋势(digital trend)进行装修，它所创造的艺术空间使人感受到时装世界的艺术氛围。

①三大品牌——三大名店，世界著名三大时装店：中国台湾的老虎购物中心、日本大阪的恰瑞恩时装店以及美国纽约的 DKNY 旗舰店。

——译者注

设计：CJ 工作室　十杰路

www.shi-chieh-lu.com

地点：中国台湾台中市

建筑面积：130 平方米

终饰：地面/磨光铝板

墙体/铝板

天花板/石膏板

摄影：李坤敏(韩国人名)

这种设置能充分满足悬挂衣服的需求

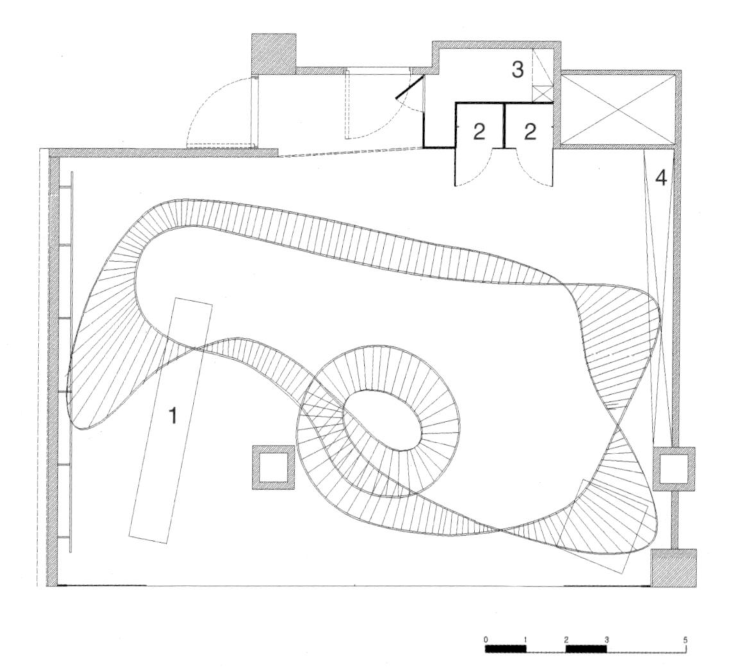

楼面布置图

装修成展示场并提供了一个动感的空间

这里是两组不锈钢装饰线交错织成的图案

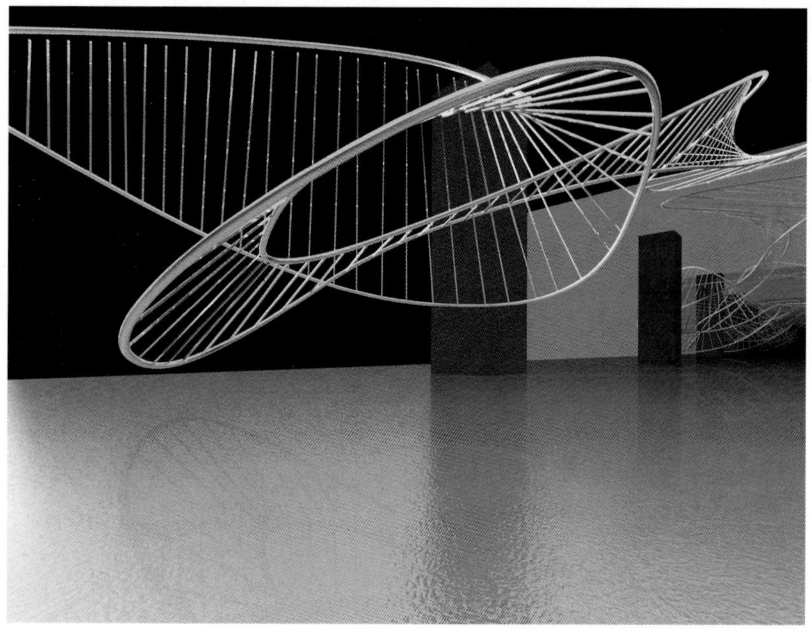

墙体和地面采用铝板铺就

两组不锈钢图案十分协调，体现了作为三大品牌之一的购物中心和两大设计师之间的合作关系

时装世界的艺术氛围让人赏心悦目

杜嘉班纳
(多尔切和加巴那)

意大利最享盛誉的品牌时装杜嘉班纳专卖店在韩国清潭洞品牌一条街开业。该店以其豪放的魅力、激情及力量、品位展示了它的独特风格——让人想起巨型珠宝盒的黑金属和水晶玻璃装潢。

杜嘉班纳专卖店正面橱窗及店内许多地方摆设的家具上都刻有杜嘉班纳(Dolce & Gabbana)的首字母。这些物品和店内所展示的杜嘉班纳品牌服装一起，调动了顾客购买的欲望。店内墙体多饰以反光黑色金属板，地面则以暗色玄武岩地板砖铺就，这就将店内时装映衬得更加高雅，从而营造出一种幽静的地中海氛围。

展示男式服装的一楼主要以庄严、华丽的黑玻璃装潢，而家具的胡桃木材质引发的舒适感和柔和感又自然而然地散发在空间中。一楼到二楼的楼梯墙面场以透明玻璃装饰，富有神秘感，令人有置身于巨大玻璃屋内的感觉。威尼斯风格的三米枝形吊灯让人想起晚会现场，更使店内华丽的装饰散发出极大的戏剧效果。

店内楼梯采用悬臂式施工方法安装，纯以墙面支撑梯级，只看见楼梯轮廓。连接一楼和二楼的墙面装有液晶显示器，展示每一季节的男女服饰，让顾客有一种亲临时装秀现场的感觉。

人们一到二楼就可看见引发人无限好奇心并让人想要触摸的镀铬环链帘子。这个帘子不仅是装饰品，还可以起到护栏的作用。

展示女装的二楼卖场设有胡桃木家具，整体换用镜子装潢，中央装饰物尽量做小，以突显更加光泽、轻盈的效果。杜嘉班纳(多尔切和加巴那)的时装理念是:“我们不怕变化。我们不去追随时尚，让时尚追随我们。”这种理念在杜嘉班纳的时装专卖店的装潢中完全体现了出来。这个专卖店将为顾客提供很多机会，让顾客能自然地见到杜嘉班纳(多尔切和加巴那)独具特色的各个季节的时装。

总 设 计：弗朗西斯科·弗雷萨
执行设计：尤普兰公司
www.eoplan.com
建筑面积：430 平方米
终　　饰：地面/玄武岩地砖、深棕色地毯
墙体/黑玻璃、烟色玻璃、高光泽胡桃木板、透明玻璃
天花板/V.P 材料

绚丽多彩

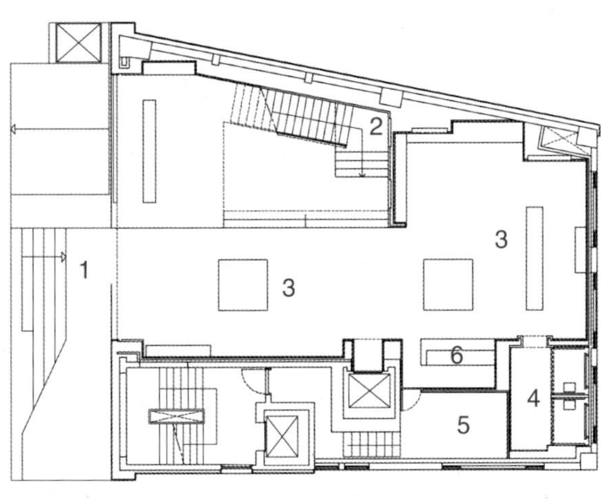

1.入口
2.楼梯
3.销售区
4.试衣间
5.储藏室
6.柜台

一楼平面图

将沙发排成S形线条

胡桃木壁橱隔出新空间

为三米高的威尼斯风格的枝形吊灯增加效果

展厅内一楼通往二楼的楼梯

玻璃镜墙面满壁生辉

摆在展厅中间的小圆桌及 S 形沙发

周边家具及沙发创造完美

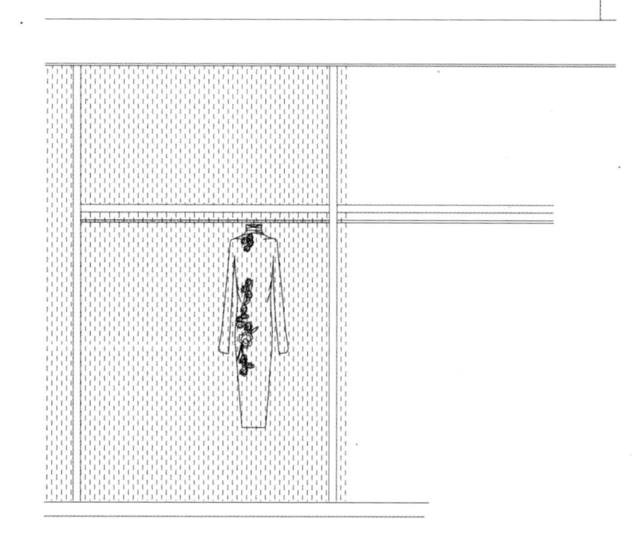

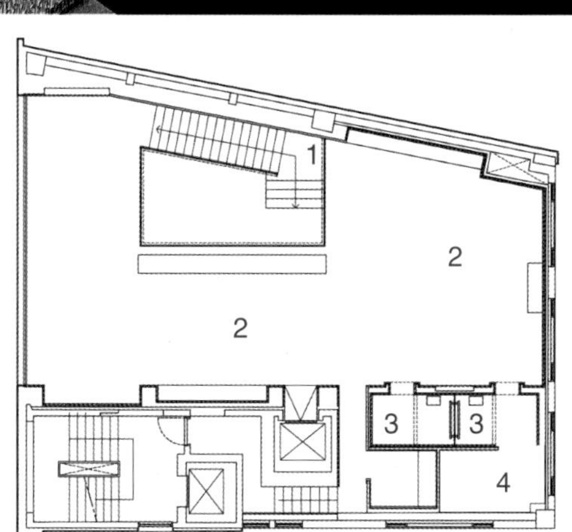

1.楼梯
2.销售区
3.试衣间
4.缝纫机房

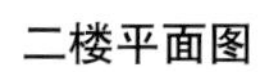

二楼平面图

挂上名牌服装为店里添光增彩

楼上各种家具中间的照明效果

三楼卫生间

展示带有品牌首字母的家具

展示厅正面外墙上的电子显示屏

DKNY 旗舰店

现在，品牌不仅可以指某一具体商品，而且还可以指其商标、形象或与众不同的特色，以和其他商品相区别。普通商店只销售商品，旗舰店是把一个品牌推销给顾客。这种商店在空间设计上摆脱了人们常识中的商场概念，能够让人体验到品牌的价值。因为旗舰店可以无限扩大其品牌价值，许多世界著名的大时装公司都争相开设旗舰店。在韩国，以首尔的江南清潭洞一带为中心，林立着许多名牌旗舰店。DKNY 旗舰店就是这样一家新开业的时装店。该店以其独特的室内装潢将其品牌别致的纽约时尚风情淋漓尽致地展现了出来，特别引人注目。

DKNY 旗舰店分为地下一层、地上两层。该店在装修时没按常规将每一层楼清晰隔开，而是将楼层之间的空间概念模糊处理。这种新的尝试给人以一种视觉上的开阔感，人们可以一眼看到两个楼层，从而使两个楼层看起来像一个巨大的开放空间。

另外，在楼体外墙的装修上黑白两种颜色搭配和谐、相得益彰，这种风格也体现在店内装潢上。因此，营造出一种精致、整洁、格局考究的氛围。地下商场的地面和墙体以橡木板装饰，重点展现一种自然的形象。明快的灯光照明和简约的服装展示都使整个商场显得清洁、整齐。

一楼女装卖场和二楼男装卖场的装潢采用灰色基调，以营造一种现代化的都市感。家具和小装饰品上黑白两种颜色的使用也十分协调。在装潢时彻底排除了原色的使用，并用报纸将即将展示的信号灯进行装饰，以和大厅主色调相配，极大地衬托出名牌服装的风情。

总 设 计：本尼特•戈萨斯基
施　　工：萨兰德注册公司
建筑面积：125 平方米
终　　饰：外饰——金属拉门、坚固刻线橡木板、层压玻璃、石料
　　　　内饰——地面/坚固刻线橡木板、石板
　　　　　　　墙体/坚固刻线橡木板、油漆、胶泥
　　　　　　　天花板/油漆、坚固刻线橡木板

以报纸装饰的标志牌底座让人想起纽约

一楼黑白两种色调更加协调

黑白两种色调加上橡木地板装饰更加产生了自然的氛围

楼梯由一楼 B 区上去并使用其他装饰材料，就使得空间分隔开来

简约的照明和品牌服装展示、橡木地板、橡木家具及橡木板天花板无不配合得天衣无缝

照明灯恰到好处地将二楼服饰照射汇聚在一起

外墙以金属拉门和层压玻璃装饰

DKNY 旗舰店全景

夜色中的 DKNY 旗舰店

富贵山俱乐部

设　　计：LCL 建筑设计有限公司
施　　工：创意建筑有限公司，LCL 建筑设计有限公司
地　　点：中国香港上水区天平山
建筑面积：2 200 平方米
终　　饰：地面/达伊诺·里尔抛光大理石
墙面/圣劳伦抛光大理石、黑檀木复合板、布艺嵌板、激光蚀刻玻璃嵌板
摄　　影：LCL 建筑设计有限公司

LCL 建筑设计有限公司简介：

LCL 建筑设计有限公司成立于 1997 年，但其前身成立于 1979 年。公司主要从事建筑设计和室内设计。公司的营业理念是反对大规模生产，为取得上乘的质量和设计水平坚持亲手操作。

鲁道夫·梁(左)
克里斯汀娜·周(右)

富贵山俱乐部的内部设计将意大利基安蒂地区的浪漫可爱和佛罗伦萨宫殿的奢华繁复糅合起来，结合各种现代元素，形成独具特色的设计风格。

实际上，照搬古典建筑的原型并非难事。真正的功力是体现在将古典建筑的元素与当地的文化特色结合起来，并能迎合用户和住户的口味，这才是设计师们追求的东西。另外，由于俱乐部地处中国香港的风景区天平山，这又要求设计师能够敏感地体会到周围自然环境的特色，将其融入设计当中。天平山自然风光绝美，绿荫满地，设计师必须考虑到这些对材料选择、设计主题和设计艺术的影响。而采用奢华独特的材质是打造经典优雅、可爱温馨的氛围的关键环节。俱乐部的入口是一对玻璃门，门中镶有黑檀木的嵌板和特制的扶手，显示出俱乐部设计的档次。入口有两层楼高，地面铺有达伊诺·里尔抛光大理石，墙面则用的是圣劳伦抛光大理石、黑檀木复合板、布艺嵌板和激光蚀刻玻璃嵌板。墙上绘有各种树木、森林，静谧安详。一层楼的入口连接着一个抛光大理石楼梯，一直通向二楼，气势恢弘。一楼大厅中央是一个室内喷泉，喷管为彩色水晶制成。俱乐部采用玻璃顶层，顶层上悬挂着十来个意大利水晶吊灯。

富贵山俱乐部将古典特色(包括架构、嵌板和布置)与现代元素结合在一起。设计师大胆地将各种材料搭配运用，打造出奢侈豪华的整体感。

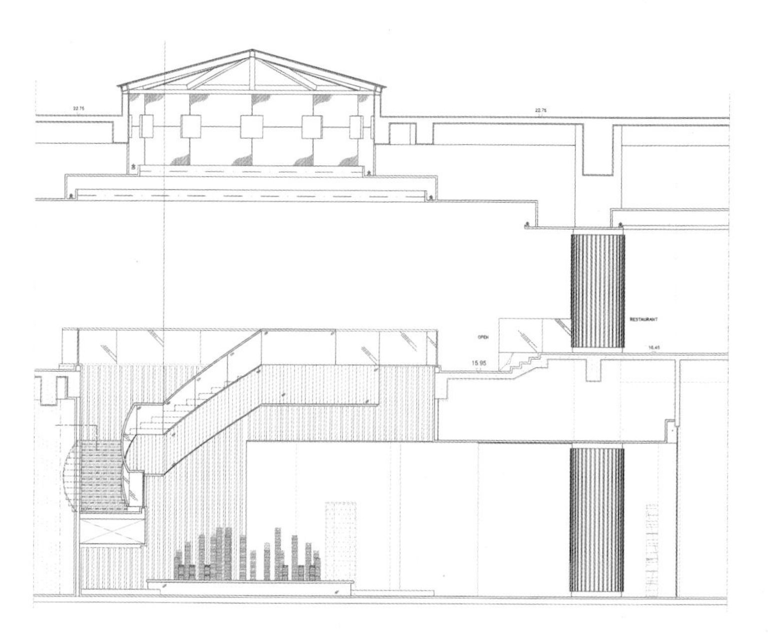

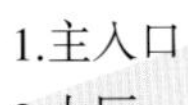

1.主入口
2.大厅
3.走廊
4.功能厅
5.台球室
6.办公室
7.俱乐部入口
8.餐厅
9.图书室
10.儿童游戏室
11.健身房
12.室内泳池
13.儿童泳池
14.泳池
15.按摩浴室

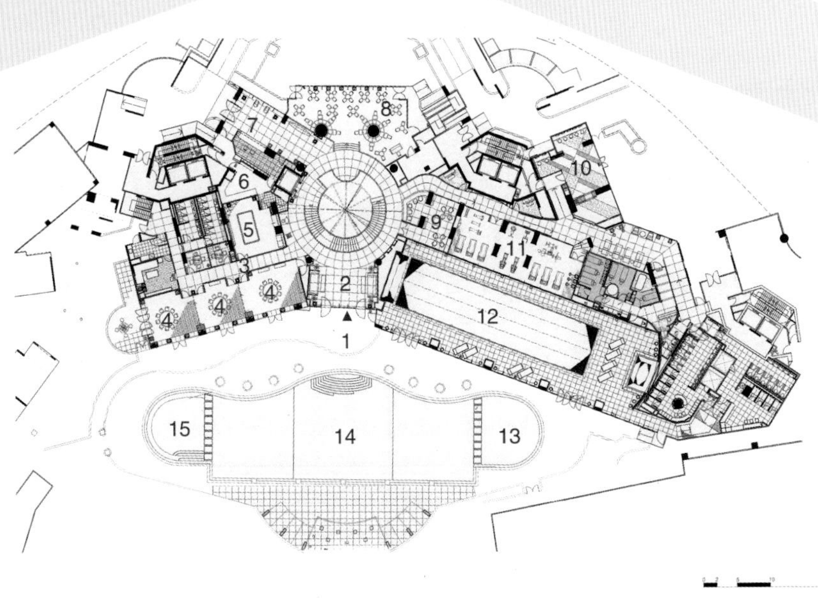

楼层平面图

室内泳池

台球室

盥洗室

西安景发国际俱乐部

设计：杨政　　地点：西安文景路 16 号

建筑面积：16 000 平方米　　摄影：维森

中国古都西安在唐朝时最为繁华鼎盛，因而这家五星级的西安景发国际俱乐部将大唐文化作为设计主题。为了突出唐文化的浪漫大气，该俱乐部整体设计夸张奔放，细微之处也不失精细，空间上大开大合，鼎盛的大唐风采扑面而来。

设计者似乎偏爱唐朝贵族生活的各种元素，比如蹴鞠、宴会、温泉和宫女等。特别是蹴鞠运动，在大唐时期可谓蔚然成风，众多的古画、古诗和古代雕塑中都有对蹴鞠运动的描写和刻画。

该酒店的前身是一个游泳池，设计者通过添加各种传统的元素加以改造，甚至利用中国古老的园林艺术让整个设计显得更加时髦可爱。

另外设计者也采用了许多现代元素，比如镜子、组灯和金属片，与传统的杏树叶和墙上的丝绸幕布结合，展现唐朝宫廷的优雅与古老。另外，中国山水画也给整个环境添上一种神秘的感觉。

吧台

餐厅

宴会厅通道

餐厅

休闲健身中心(SPA)

客房通道

豪华套房

套房

CGV影剧院

设计：大文(韩语)设计有限公司　朱裕划, 南勇思,康慧珠
网址：www.dawondesign.com
施工：大文设计有限公司　金永模, 吴敏基, 金苏熙
项目技术经理：CJ CGV　李杰文

地点：韩国勇吉杜　黄熙　伊三谷　江航洞　867,868号
建筑面积：2 810平方米
终饰：地面/瓷砖　墙壁/冷轧钢、瓷砖、专威特、彩色玻璃　吊顶/特制彩色漆

CGV影剧院创造了一种多彩而新颖的文化氛围，它将娱乐设施和电影院融合在一起，丰富多样，令人振奋，使娱乐的功用得以扩大。这已成为近期空间设计的新潮流，也是设计多样化的开端。基于此，位于江航洞的CGV影剧院向人们展示了一个崭新的文化空间。

外景设计貌似天井，吸引了四面八方的来客。该建筑物的圆形造型，与传统的矩形造型不同，它不仅毫无沉闷之感，反而给人以神秘之感。一走进三楼，就能感到这个影剧院分楼与CGV影剧院其他建筑的不同。基于对工作室进行有趣诠释的理念，设计师设计建造了清新的喷泉。这里能使人体验到多样的情境和氛围，仿佛自己就是电影中的主角。设计师意在展现“梦工厂”中所设想的过去、现在和将来的场景，以及有关爱情、冒险和梦想的故事。吊顶离地面有三到四层楼高，下面有电影棚的舞台灯具、售票处、甜品吧、大厅中心的桁架以及电影院其他道具。这些元素把该建筑装饰得盛大而华丽，令人目不暇接。大厅使人想起了纽约的街道，洋溢着古色古香而不失活泼的气氛。三楼是电影院，利用的是以前的一块空间，所以吊顶很高。自动电梯很长，延伸至整个楼层，仿佛要把乘客带到一个新世界一般。然而五楼的设计风格与三楼迥然不同，三楼色彩明亮，雄伟庄严，而五楼更加静谧，尤为温暖，使得客人能够在最舒适的环境下欣赏电影。最大影像电影放映系统（IMAX）引进了最新的设备，增强了壮观的效果，突出了影片的细节。高高的吊顶和光彩夺目的三维屏幕给观众带来了最真实的感官体验。还有一个与普通影院的不同之处是其配有一个独立的休息厅，专供播放最大影像电影放映系统的影片。该厅的等候区饰有涂鸦艺术作品，深得年轻人喜爱。

这个多功能影剧院是娱乐消遣的好去处。如今，看电影已经不仅仅是一项爱好了，影院的环境发展也将会更加先进。CGV影剧院不但是一个以观众为中心的场所，也是一件值得欣赏的独特设计作品。

主休息厅

售票处

放映区

走廊

IMAX休息室

IMAX放映区

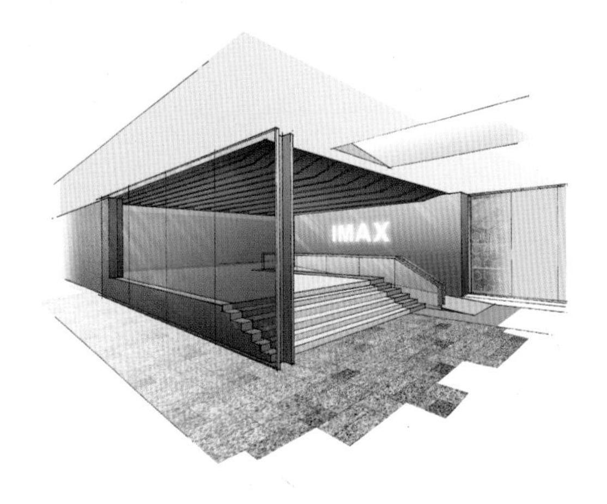

三维草图

QUICK TICKETING
CGV
CGV

OPEN TO
상영관 7,8관
FILM STUDIO
TICKET BOX

墙面设计视图

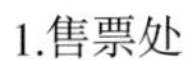

1.售票处
2.大厅
3.休息厅
4.甜品吧
5.入口走廊
6.放映厅
7.最大影像电影放映系统（IMAX）放映室
8.出口走廊
9.员工办公室
10.置物柜
11.培训室

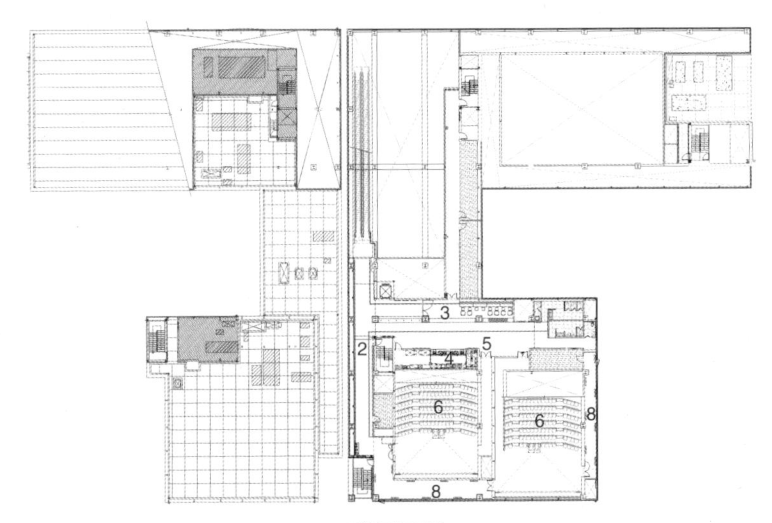

五楼平面图

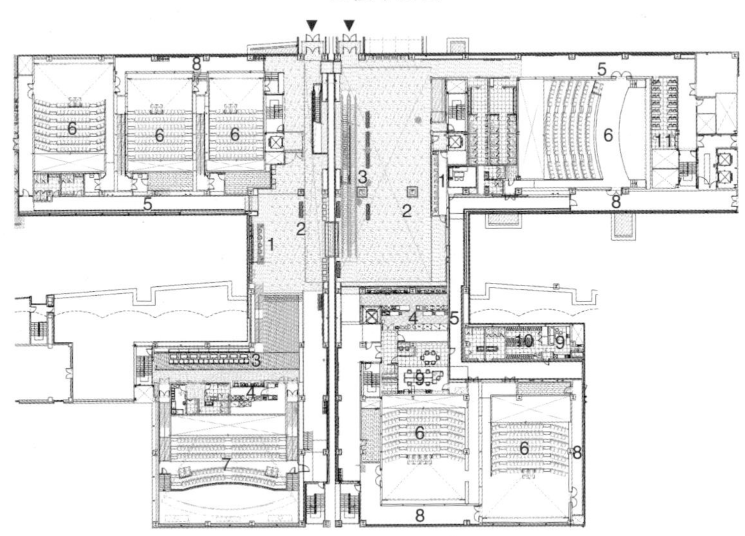

三楼平面图

电梯

五楼休息厅

大众电影俱乐部

设计：米勒·涅尔联合公司
施工：鲍科斯-3公司(Box3)
摄影：罗兰特·戴夫思

网址：www.muellerkneer.com
地点：英国伦敦汉普斯台德

大众传媒股份有限公司作为开创银幕娱乐的先锋，以“电影俱乐部”作为设计理念，委托屡获殊荣的米勒·涅尔联合公司为大众传媒在汉普斯台德的原址进行重建，该工程已于2006年12月完成。

街道旁，一轮崭新灯光晕环展现了从最古老的剧院到如今大众电影院的新变化。大型壁板上展示着电影座椅图片，其设计新颖而独特。走过这面墙，便来到了接待休息厅，这里已经全部重新改建过了。休息厅摆满了很多格调一致的家具。这些家具和墙板、灯具和固定座椅十分协调。温暖而明亮的色调是出于对宴会座椅以及单人沙发这类室内装饰品的需要，与黑色图案的墙面形成了鲜明的对比，营造了影院舒适怡人的氛围。

在保持目前场所良好环境的同时，米勒·涅尔对主银幕下座椅的设计做了创造性排列，以互动和宜人作为设计主导，采用了随意分布的大型单人沙发和双人沙发，而舍弃了一排排的传统影院座椅。座椅的排列具有一定的角度，但又体现了俱乐部的随意、自由和轻松，客人既可聚成小组，也可转个方向观看，能够独坐，又可与人共享。该设计的灵感来自野餐或看露天电影，在室外，座椅和毛巾可以随意摆放，但方向基本一致。每个座椅配有一张桌子、一盏灯，还供应点心和冷饮。影院有着俱乐部般的氛围，还提供饮料及小吃的服务。

米勒·涅尔在大众电影院里开创了一个全新的家具空间设计。固定的宴会座椅、不同大小的单人沙发、双人沙发以及新式电影椅，这些家具形象生动、色彩斑斓、充满情趣。单人沙发的设计舒适，在影院里使用效能良好。座椅设计的新理念在夹楼层的休息厅上层得以延展。20平方米的紧密的空间是私人电影放映室，是聚会和放映影片的绝佳地点。198厘米的白板与定制的墙板已融合为一体。米勒·涅尔把墙板设计为由单色主配线板制成的板面，通过路由器与电脑相连，形成三维图案。

大众电影院考虑到多倍投影银幕的使用较为普及，其“电影俱乐部”的总体理念再次引入了舒适和宜人的理念，使得看电影变得如同社交一般。

正面景观

1.入口
2.接待处
3.衣帽间
4.接待处和吧台
5.接待大厅
6.储藏室
7.通向主银幕的入口
8.座椅景观图
9.火警出口
10.楼上休息厅银幕

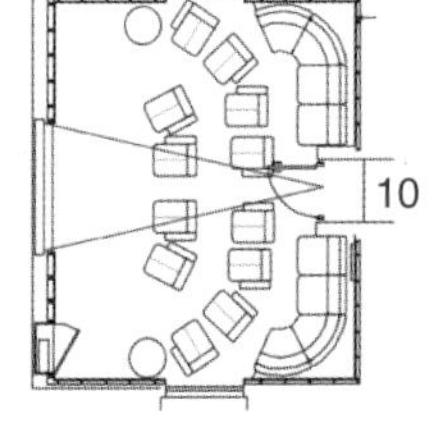

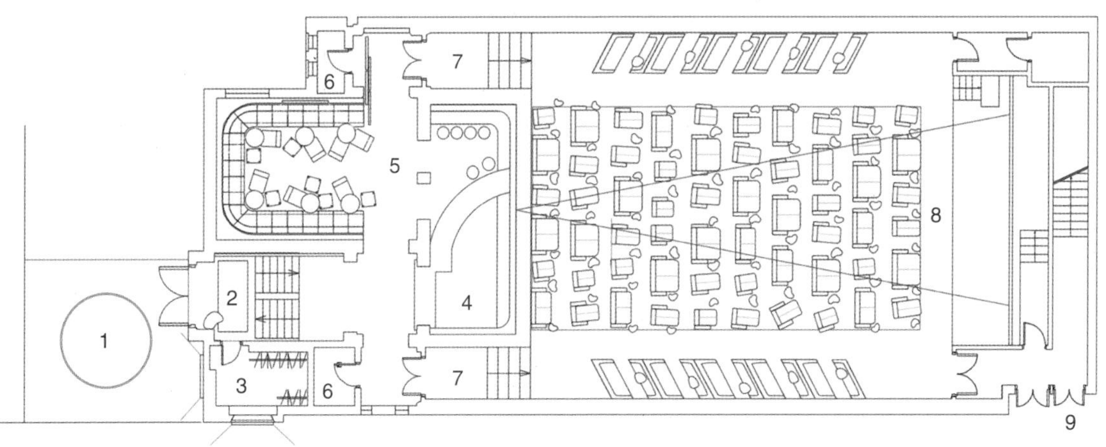

平面图

接待厅

楼上休息厅放映区

日本青山玛阿尼品牌分店

设计:英国锡巴里特股份有限公司　西门·米切尔,托奎尔·麦克林托什,菲利普·法瑞思(英国)
www.sybarite-uk.com
工地建筑师:铃鹿松尾
地点:日本东京港区青山玛阿尼品牌分店 4-21-26
建筑面积:290 平方米
终饰:地板/水泥　墙壁/水泥、高光泽度乙烯基家具装饰用品　吊顶/石膏板、无光泽乳白漆、不锈钢
摄影:娜卡莎及合作伙伴

简介:

锡巴里特(Sybarite)是一家建筑设计事务所,旨在愉悦人的感官,将建筑融入人的生活环境中,同时完整地保持其功能。该事务所设计作品的热情与灵感来自大自然中的生物以及其他行业。维持实体和模型之间的平衡是使设计作品处于高水平的关键因素。

锡巴里特建筑设计事务所,是由托奎尔·麦克林托升(Torquil McIntosh)和西门·米切尔(Simon Mitchell)在2002年2月创办的。他们两人同在法国著名设计公司未来系统公司(Future Systems)工作并相识,并很快发现对方是绝佳的设计搭档。他们都秉承一个理念:设计能够并且理应实现其功能性与娱乐性的共存。因此,艺术、雕塑和建筑之间不应该有界限。“锡巴里特”(Sybarite)这个词概括了他们设计主旨:舒适、奢华及愉悦。

西门·米切尔　托奎尔·麦克林托什

二楼展区

展区视角的入口处

楼梯视角的展区

1.入口
2.展区
3.储藏室
4.更衣室

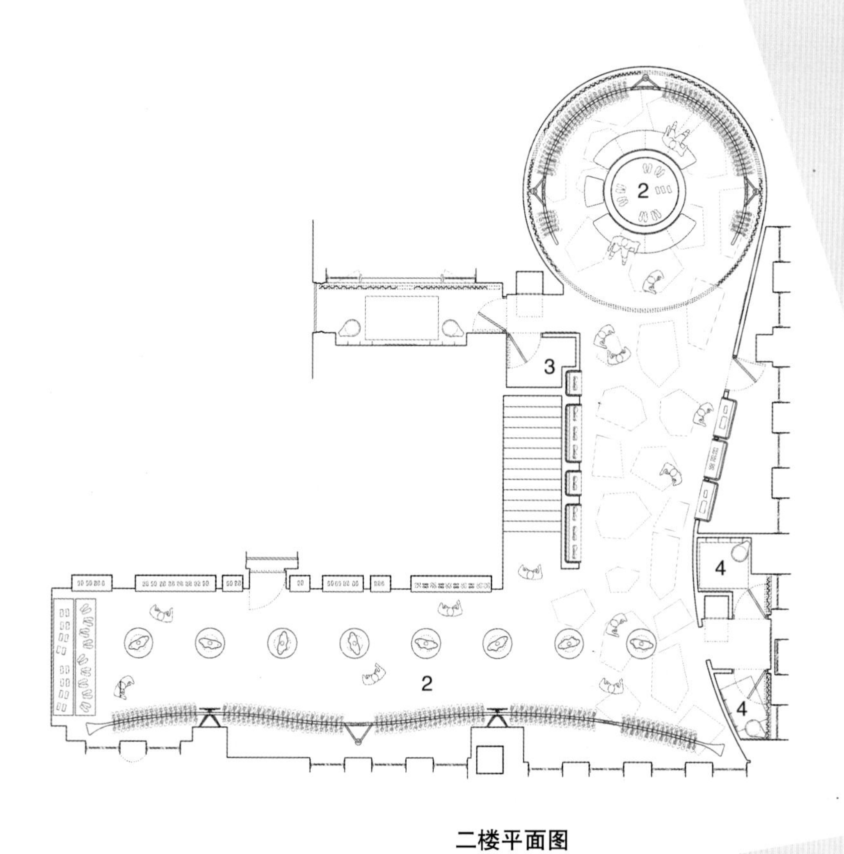

二楼平面图

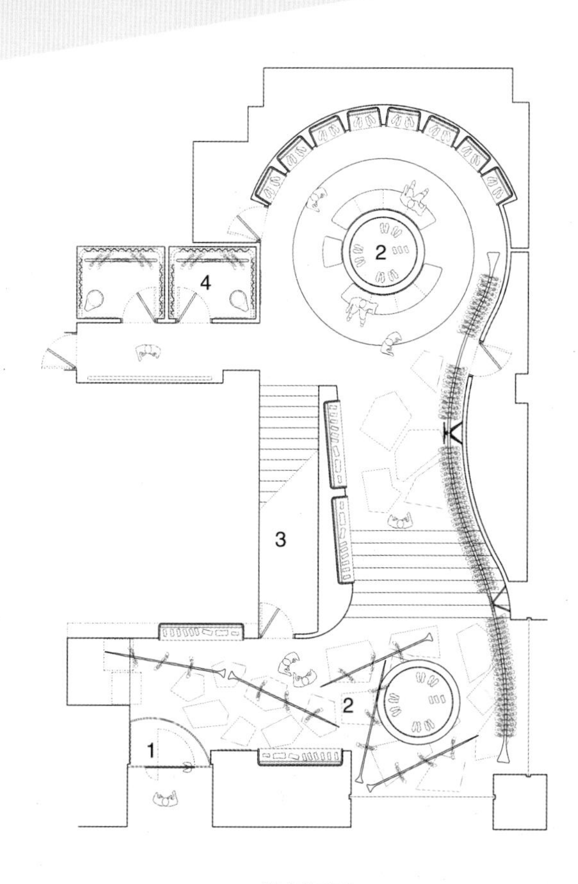

一楼平面图

一楼半展区

随着玛阿尼装饰物件的不断增多，其品牌店的设计进入了一个新时代，其风格转变的关键在于店内设计突出了产品。这家玛阿尼店就像一个现代的宇宙，注重材质和灯光的使用，在墙面和门的装潢上，大规模地采用了水泥和石头这样的硬质材料。抛光地板区里，一系列石头造型自然随意，或交织或分散，界定了商店的各个不同的区域，这种设计十分重要。百叶窗式的水泥墙上内嵌了一些不同材质（皮革、塑料、玻璃丝）特制的展台，上面摆满了鞋子、女士内衣以及装饰物件等展品。每一个展柜前都有不同灯光照明，这与地面和墙壁形成了鲜明对比。店内的墙壁上装潢有不同色彩的材质饰品，展现出多个主题。流线形不锈钢栏杆上挂着等待客人试穿的衣物，栏杆以曲线造型滑升至楼梯上，把服装间和鞋柜间分开。吊顶是一个不锈钢制成的巨型云朵造型，顶灯投射出光芒把下面展台上的鞋子照得闪闪发亮。鞋展台由一个环形玛阿尼皮质坐垫沙发包围，地上铺有地毯。各个试衣间里都有不锈钢晾衣架，地上铺有皮质毛垫。楼上有一排晾衣架，成线形摆放，衣服光彩闪亮，下面的风扇吹着它们飘舞摆动。沿着窗户的前台还有一排不锈钢晾衣架，上面摆满了待售衣物，对面墙上装饰有许多造型各异的小盒子，里面摆满了珠宝首饰和其他小饰物。光洁的石质地板似乎暗示顾客，在店内转角处那里还有更多惊喜等着人去发现。这是一个四周饰有帘布的环形房间，吊顶上的饰灯把屋子照得通亮。地板是由白色大理石和水泥砖铺制成，室内还有造型别致的不锈钢晾衣架和座椅，这一切使顾客觉得好像置身于一个非凡的购物场所。店内的灯光、石质装饰以及刻有签名的家具都让人觉得走进这里，仿佛开始了一段奇幻之旅，难以忘怀，喻示着玛阿尼是引领世界时尚潮流的先锋。

三楼展区

三楼的墙上展品

延城大厦

设计:IKKI 艺术工程团队　金秉赫,金勋贤

地点:韩国首尔市江南区三星洞 70-1 延城大厦

功能:大型卖场

终饰:外部——曜晶

　　内部——地面/水泥、聚氨酯

　　　　　墙体/彩色玻璃

　　　　　吊顶/硅石、喷漆

编辑:河志熙

外观

尽管进驻的是四大休闲品牌，GGPX，Clride，Top Girl 和 Type，延城大厦的整体风格却与这些品牌轻松愉快的格调有些格格不入。为解决这一问题，设计师除了尽量让店堂内部的设计与品牌相符合之外，还注意将内部和外部的感觉协调起来，呈现出自然的过渡。另外，店堂内部也采用了一些对比较为强烈的设计，以消除店堂内可能会有的沉闷感。

店堂的外部，灯光从石头墙壁上反射出来，不仅提供足够的照明，也让整个外壁的颜色更加柔和神秘、华丽诱人，甚至会让人产生错觉，混淆了白天与黑夜。另外，设计师还在入口处添加了一笔极具现代感的曲线设计，让本来有些严肃的外装修显得轻松活泼。通过对灯光和入口处的处理，店堂的外面显得舒适堂皇，与内部的风格和谐一致。内部的设计主色为白色，主要选择石材、钢材、玻璃和镜面等装修材料，让整体风格在冷酷的同时，又隐约透着温暖的阴柔气质。内部的照明设计时而强烈时而柔和，有时甚至有些暗淡，但表现力却极强。整个内部设计呈圆形，走在店堂内，犹如躺在母亲温暖的怀抱里，舒适飘然。店堂顶部还向下伸出一个环形结构，直至地面，整个看起来像一朵含苞待放的花朵。"花朵"的线条柔和，整个空间顿时显得生气勃勃。其他的商品摆放也采用环形结构，有的呈半圆形，有的只是简单的曲线设计，丰富生动。镜面之间的黑色扇形斜线设计让整个空间看起来更富有纵深感。摆放在店堂内的圆形玻璃桌台是整个设计的亮点，成为点睛之笔。另外，这些桌台还可作为商品的展示台，非常实用。这些桌台的形状像水面上形成的同心圆，可以任意移动到店内的任何地方，提高店堂内部空间的利用率。

整个店堂就像一个外表透着酷意而内心却温暖的女人，有着女性特有的魅惑。为了展现女性魅力，设计师给店堂的地面选择了深灰色彩，柔和的灯光照射在地面上，与整个流线形设计完美结合。延城大厦不仅成功展现了品牌的柔和魅力，也让顾客流连忘返。

门厅

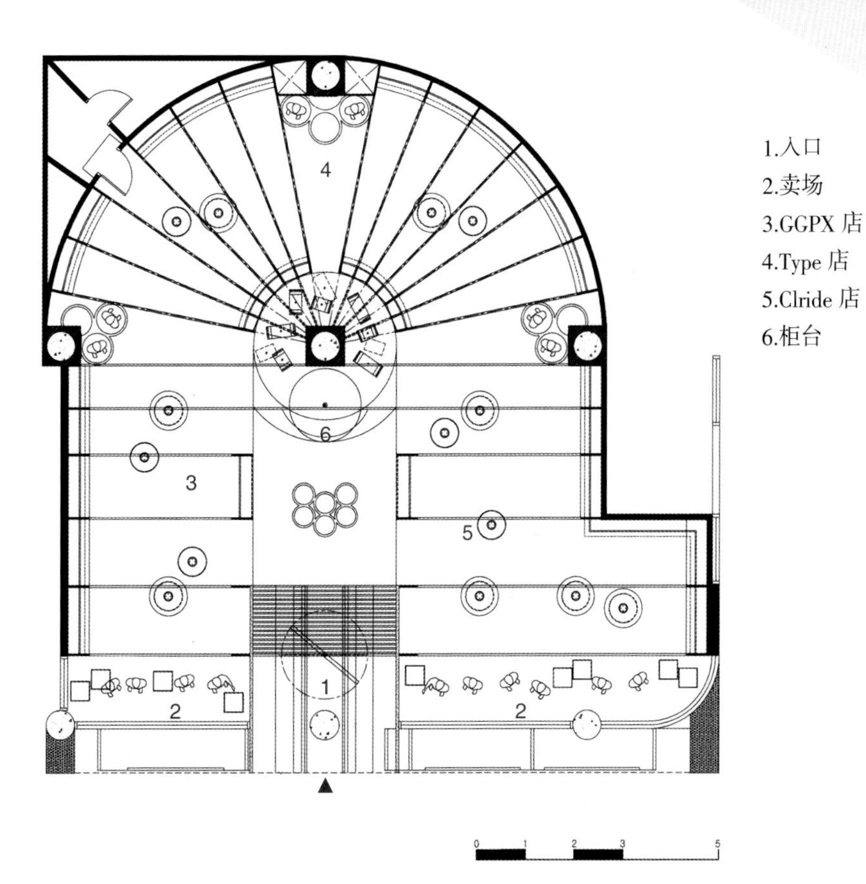

楼层平面图

全景

展台

另一个角度的全景

卡帕奇奥鞋专卖店

设计：伯帝费莱克设计公司　蒂亚戈·伯帝，保尔·费莱克
www.burdifilek.com
参与设计：杰雷米·蒙多卡，玛利亚·卡卡朗茨，詹尼斯·金逊，
埃里森·普利·斯特曼，约克·吴，汤姆·伊普
地点：加拿大多伦多布劳尔西街 70 号
面积：100 平方米
终饰：金属、地毯、室内装潢用布艺
施工：斯特拉克彻公司
摄影：埃福莱姆公司
编辑：崔志勋

鞋品展示区

伯帝费莱克设计公司采用先进的建筑设计理念，利用意想不到的装饰材料和表层涂漆，让卡帕奇奥鞋店的整体设计风格显得独具匠心，既前卫又大气，吸引着各方的顾客。

设计师将墙面、吊顶和地面融合在一起，打破了传统的空间感，使整个空间像一个架构雕塑作品，让客人体验到一种完全不同的空间感。店内摆设的鞋品和其他装饰勾勒出极具前卫感的线条，与洁白无瑕的空间配合得严丝合缝。

不规则的顾客休息区的设计像是一件艺术品，似乎就要喧宾夺主，成为整个设计的中心。地面和休息区都采用了时髦的东京紫色，与周围的墙面和顶面的白色形成鲜明的对比。而小小的透明合成树脂材质的桌面既让整个空间显得更加饱满丰富，也可用做商品摆放台，非常实用。

鞋店的整体设计冲突强烈，风格前卫，极具时尚的国际潮流。

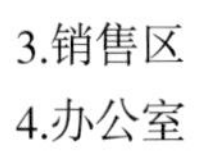

1.入口
2.鞋品展示区
3.销售区
4.办公室

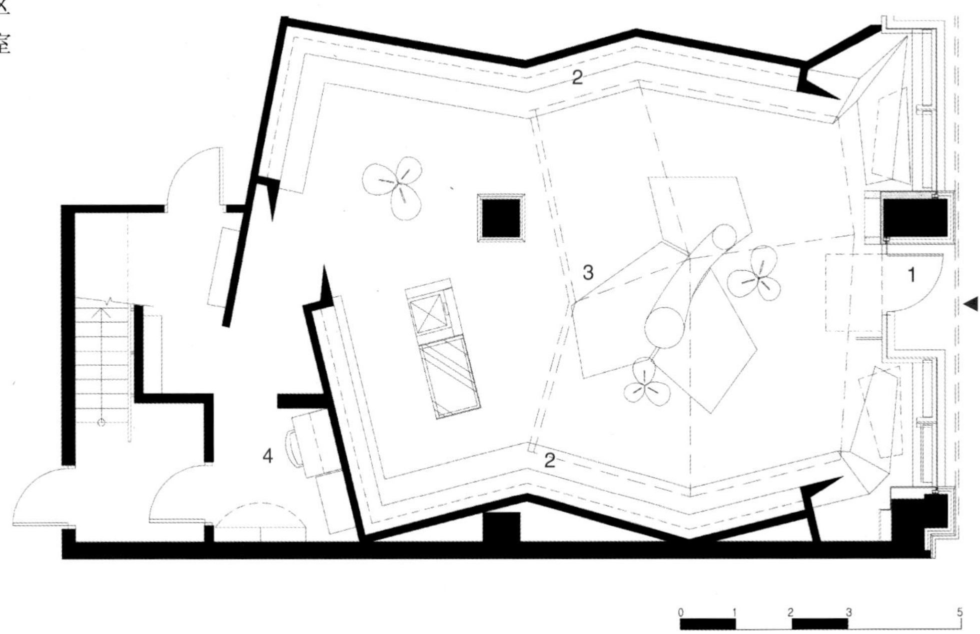

平面图

全景

纽约搜狐区 DC 鞋品零售店

设计：格莱福特有限责任公司(洛杉矶–柏林)，内伊尔·诺海姆

www.graftlab.com

参与设计：阿列让德拉·里罗，迪埃特玛尔·柯埃林，

杰斯帕·伯格，马克尔·赫尔士比彻勒，

汉斯–乔治·布瓦尔

地点：美国纽约 SOHO 区

功能：零售店

建筑面积：358 平方米

建筑师：史蒂夫·西蒙斯

施工：乔·哈格建筑公司

编辑：河志熙

外观

DC 鞋目前在溜冰滑板鞋和滑雪滑板鞋两种款型研发方面呈稳定快速增长的势头。DC 表达的是一种极具品味的细腻风格，因而成为众多滑板运动爱好者追捧的品牌。而如今，该品牌正在重新定位，旨在吸引更广泛的消费者，店面的设计也力图让消费者感觉友好舒适。

该店面的设计由格莱福特（GRAFT）公司承担。格莱福特的设计师相信他们的 DC 品牌旗舰店将成为纽约街头的风尚标。整个空间在设计方面强调神秘的空间感，突出展示技术设备层面的元素，让人有超越时代的先锋感。而其余的设计则采用简约风格，营造一种未来感。在色彩方面，以简单的白色和黑色为主，将整个空间和 DC 品牌标志完美结合。

DC 鞋店设计中强调大面积的展柜设计，强调店面的销售特色。各个新品展柜都自成一体，展品不同，主题也不同。通过颜色的变化，展现出各个季节鞋类的特色，丰富多彩。从屋顶延伸下的可移动展台每天都变化风格，从而获得最大的空间利用率。另外，这些贴墙的移动展台高低不同，错落有致，新颖时髦，感觉竟似来自遥远的宇宙空间。

店内的结构灵活多变，就像一个巨大的展厅一样，每天都可呈现不同的特色。所有的空间设计都可移动，就像在宇宙空间漂流一样，呈现独特的风情。整个的空间设计与 DC 品牌理念不谋而合，更好地向世人展示了这一品牌独特的内涵，使更多的人爱上 DC。

全景

鞋墙

服装墙

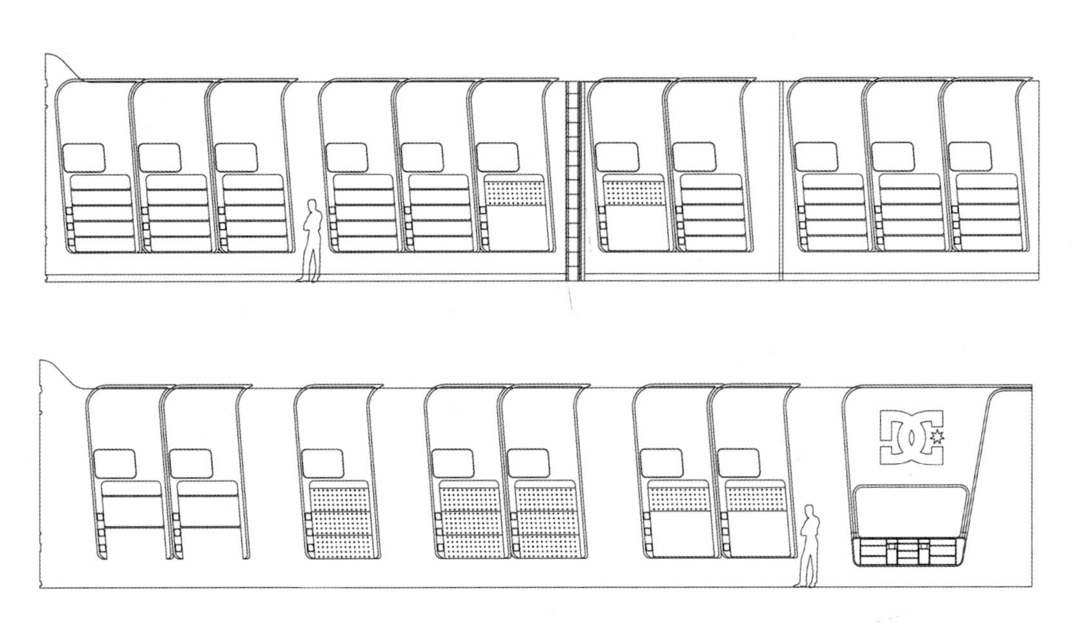

剖面图

商品展示区

DC

收银台

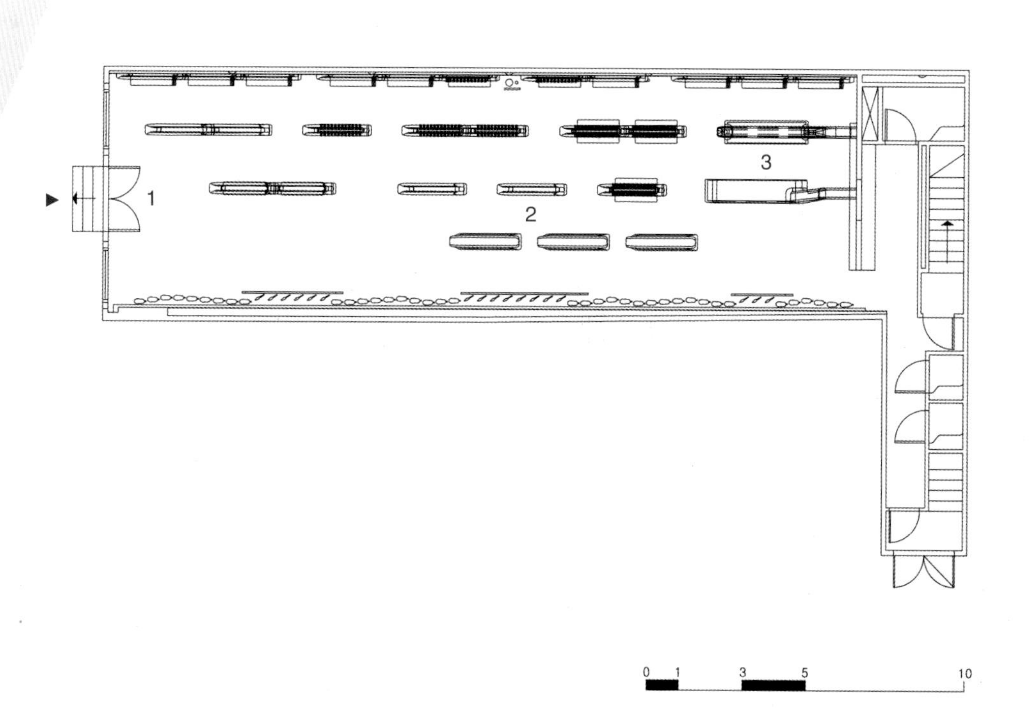

1.入口
2.零售楼层
3.收银台

平面图

科索·科摩10韩国分店

设　　计：米兰科索·科摩10公司　卡拉·索桑尼，克里斯·鲁斯
参与设计：娜塔莉·让，凯森·金希坤，安守希
地　　点：韩国首尔
功　　能：综合商店（多功能店）
建筑面积：地下一层 书店107平方米，咖啡屋377平方米
　　　　　一层396平方米
　　　　　二层422平方米
终　　饰：地面/环氧树脂　墙体/涂料　吊顶/巴利软膜、金属
编　　辑：崔志勋

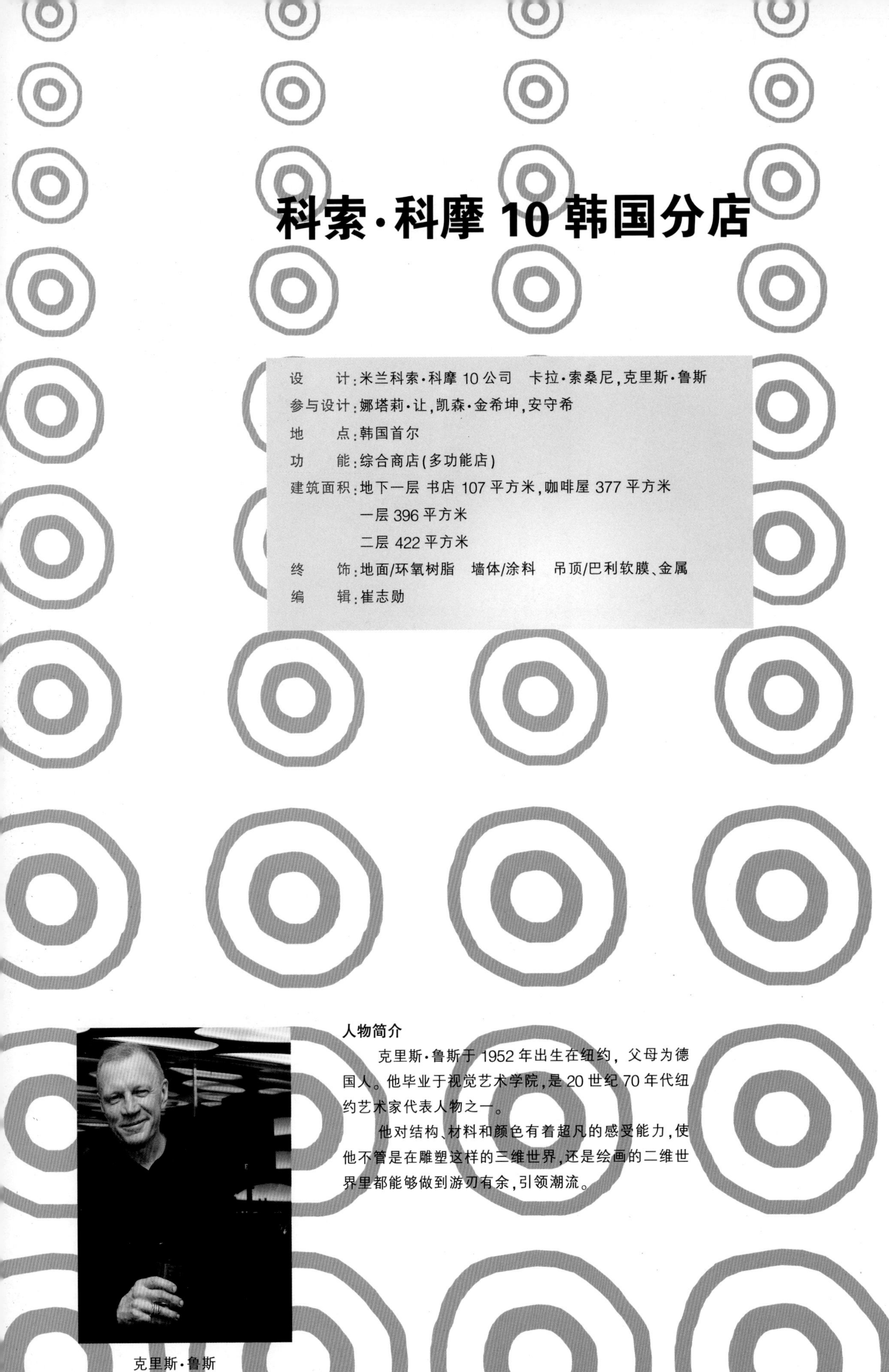

克里斯·鲁斯

人物简介

克里斯·鲁斯于1952年出生在纽约，父母为德国人。他毕业于视觉艺术学院，是20世纪70年代纽约艺术家代表人物之一。

他对结构、材料和颜色有着超凡的感受能力，使他不管是在雕塑这样的三维世界，还是绘画的二维世界里都能够做到游刃有余，引领潮流。

KRIS RUHS
Louis Kahn
HOLL
Kahn
Paulin
MAGNUM
DESIGNER
80
70
LOFTS

从入口处看一楼的场景

以多功能综合商店为主导产业的科索·科摩10公司位于意大利米兰，由卡拉·索桑尼一手建成，是全世界第一个在店面设计上采用概念设计的商业公司。科索·科摩10选择首尔作为世界分店的第一站，这引起了服装设计界和媒体的广泛关注。科索·科摩10的最大特色就是让购物真正变成一种悠闲的生活享受，推出"慢购物"理念。

"慢购物"集艺术、设计和潮流为一体，让顾客在购物的同时，又可以欣赏店内设计和装饰中体现出的艺术品位和潮流风尚。这也是科索·科摩10与其他时尚商店相比最有特色的地方。整个店共有三层，分成多个店面，分别为书店、衣饰店、唱片店、咖啡店和生活用品店等。当然，店内还摆放由阿列西和乔治·詹森设计的各种装饰品，以及出自维尔纳·潘顿手笔的各种稀奇古怪让人惊叹的椅子，如鸡蛋形椅、天鹅形椅、心形椅等，供客人疲劳的时候休息。

科索·科摩10所有的店面都采用一致的设计风格，地面主要是圆形图案，墙面采用链状装饰，而吊顶则运用相互叠加的圆形图案。这样的设计给新概念多功能综合商场增加特色。

一层和二层主要是女性服饰，这里的商品都出自世界著名设计师之手，包括时装、休闲装、潮流用品、美容用品和香水等女性用品。另外，一层还有一个书店，主要销售设计、潮流风向、绘画作品、建筑方面的书籍和一些世界知名的唱片。三层主要是家居用品部，和女性用品部分开，和二层男士用品部连成一片，主要展销男性休闲服饰、鞋类、衬衫、领带和时尚男士运动必需的哑铃和沙袋等。

另外，店内还有一家咖啡屋，可供游人休憩品评咖啡。咖啡屋的桌椅设计也颇具用心，温馨舒适。咖啡屋外的露台绿树四合，与室内的暖色形成对比，赏心悦目。游人们坐在店里，喝着咖啡，看着外面满眼的绿色以及隐约从绿叶中透出的色泽鲜艳的果实，会有自己正坐在地中海某家咖啡馆的感觉。

饰品店

咖啡屋

一层全景

二层　家居设计店

二层　展示区

一层

入口处图案设计

中国香港金钟太古广场 AMC 影院

设计：詹姆斯·劳科建国际公司　詹姆斯·劳

地点：中国香港金钟太古广场

功能：影剧院

终饰：地面/不锈钢　墙面/LED 光漆

吊顶/金属涂漆

编辑：崔志勋

amc
1·2·3
4·5·6

入口

Tomorrow Sun/日
變形金剛
Transformers
09:30 11:30 13:50 16:40
18:50 19:10 21:30 21:50
虎膽龍威4.0
Die Hard 4.0
12:00 19:20 21:45
導火線
Flash Point
虎膽龍威4.0
Die Hard 4.0
請勿攜帶非本院之食品及飲品進場
Please refrain from bringing food and drinks from outside
美味不設防
9月6日 公映
《美味不設防》
美味不設防
9月6日 公映
《你沒有留言》

售票处

公共休息室

詹姆斯·劳科建国际公司和百老汇剧院有限公司联合推出第一个科技影院——AMC 科技影院。詹姆斯·劳科建国际公司是一个建筑和概念设计公司。AMC 科技影院位于太古广场一层影院群的后面。太古整个影院的设计非常前卫，与传统的影院风格大相径庭。詹姆斯·劳科建国际公司在新设计中采用了前所未有的设计方法，使 AMC 科技影院成为亚洲首屈一指的高科技影院。售票处不再像传统影院那样设在一个玻璃房间内，而是向外突出，与整个售票系统有效结合，更像是一个现代雕塑作品，或者是一个时髦精品旅馆的大厅。整个影院的设计别具一格，到此来看电影的人们在迈进门的那一刻，就会觉得自己来到了一个完全不同的空间。

金钟太古广场 AMC 科技影院没有像传统影院设计那样将形式与功能分离开来，而是采用动态空间设计，将两者完美结合。影院内部，设计师将各种雕塑建筑中采用的形状线条糅合在一起，形成一个总体呈 U 形的通道。观众由此进入影厅，欣赏着一路上奇特新颖的设计，恍若来到一个别样的空间里探险一样。影院门厅的顶棚都采用了空气动力顶棚设计，外套一层金属表层，形成独特的河道景观。而地面也采用了类似的设计，将纤细的不锈钢条嵌入地板，不锈钢的线条分别通向各个影厅，观众可以沿着线条方向进入影厅。每个影厅的设计也都颇费心思，极尽豪华奢侈。影厅入口墙上的厅号由液晶屏显示，用灯光突出，与整个设计融为一体。6 个影厅可容纳共 600 人。舒适也是整个设计中的关键词之一，座椅都用法国皮革椅，卫生间也是全市唯一一家采用多功能设计，保证最大程度的舒适干净。

贵宾放映室有 39 个座位，是大型的招待活动和私人聚会的理想场所。所有的座位都有 1.2 米宽，且有足够的伸腿空间。整个贵宾放映室在设计上都做到体现最大的现代感和洁净感。

而 AMC 科技影院还设有休闲吧台，提供各种精品小吃，包括从英国和丹麦进口的奶酪、优质橄榄和各种甜点。人们可以在这里享用美味的食品，尽情地放松自己。另外，影院还有一间目前在中国香港独一无二的水吧，有来自法国、意大利、美国、瑞士的十多种矿泉水供人们选择。

长廊

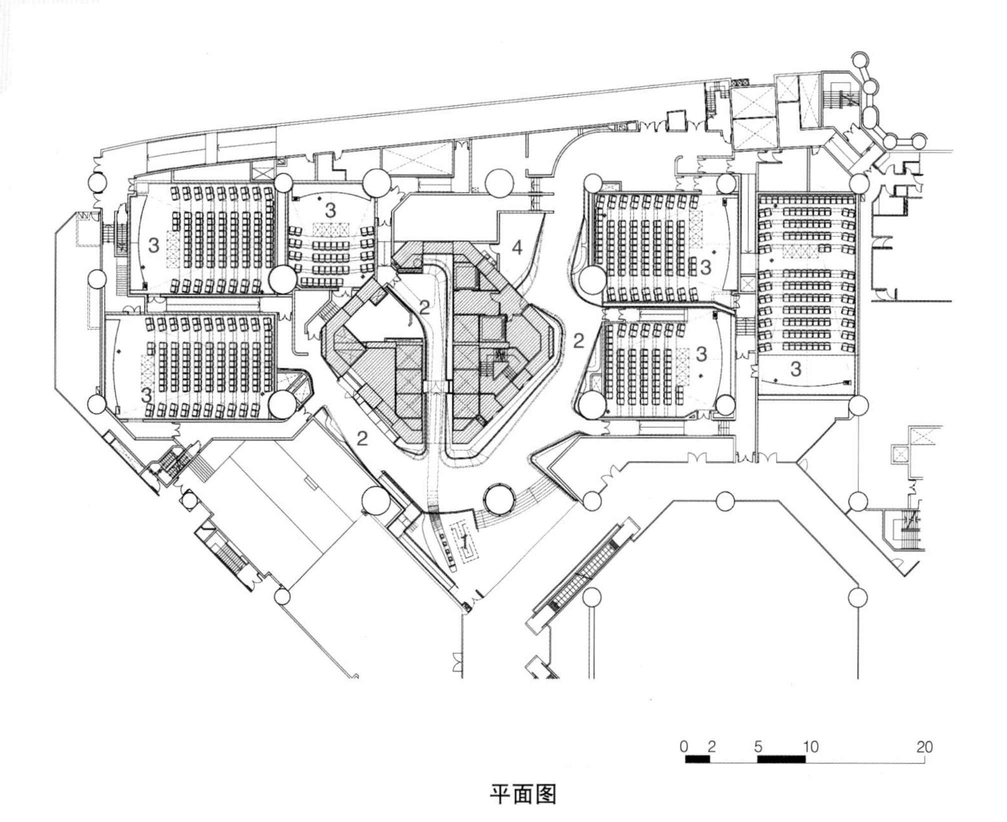

1.售票处
2.长廊
3.放映室
4.小吃店

平面图

水吧

放映室入口

放映室

FEMALE
MALE
卫生间

SM MOA 保龄球休闲中心

设计：EAT 建筑设计公司

参与设计：爱德·高，阿尔伯特·摩，詹姆斯·孔姆贝，
詹姆斯·泰勒，施瑞恩·泰

地点：菲律宾马尼拉

功能：休闲

面积：3 000 平方米

终饰：地面/地板、复合地板、玻璃、乙烯基
吊顶/聚碳酸酯嵌板

摄影：里托·洛佩兹

编辑：河志熙

入口门厅

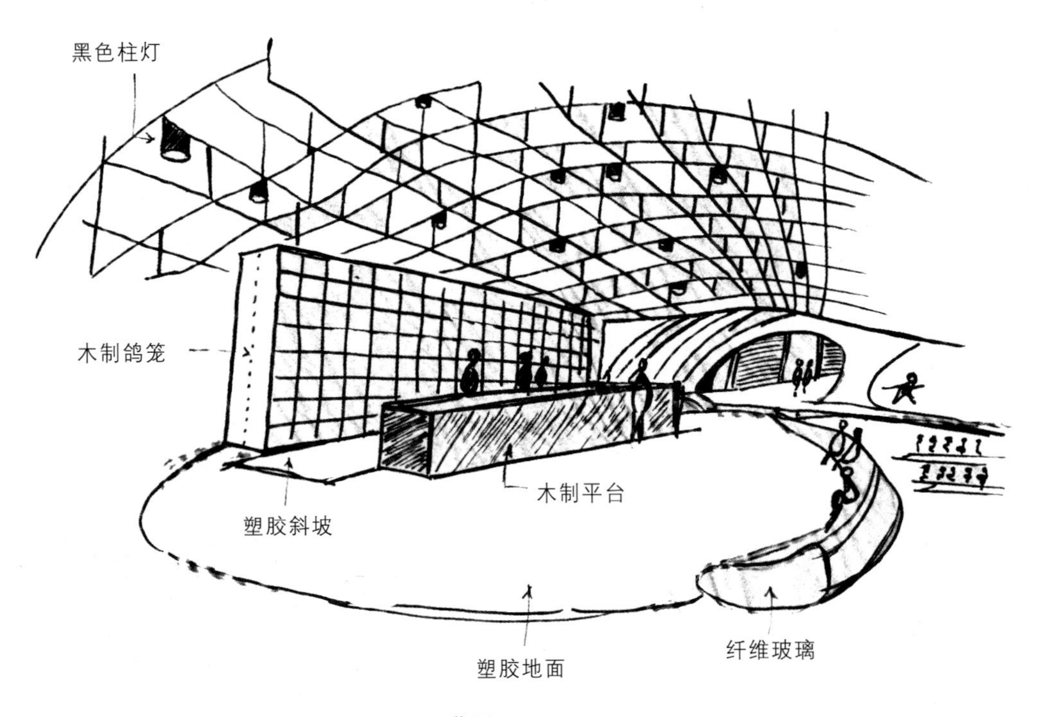

草图

台球室

SM MOA 保龄球休闲中心位于马尼拉最大的购物中心。休闲中心提供各种各样的娱乐消费，包括书店、咖啡屋、保龄球中心和一个台球室，功能多样，气氛活跃。为了与整个环境契合，设计师们将柔和定为设计的主要基调。人们一进入这个休闲中心，就会很快融入整个环境中。

SM MOA 设计的最大特色体现在墙面和吊顶设计上。一般说来，墙面和屋顶的设计比较容易趋于单调，而该休闲中心则正是通过这两个层面的设计吸引人们的眼球。台球室的吊顶设计成一个打开的扇子形状，扇子形状又分割成有深浅变化规律的格子状。而且，由于顶棚整体上采用高低不一的拱形设计，人们进门的一刹那，就会觉得整个空间像海浪一样朝自己涌来。而整个休闲中心的主要场所——保龄球中心的设计更是别具一格。保龄球中心共有 34 个球道，规模宏大，让人觉得兴奋愉悦。球道后的大厅设计也力求温馨舒适。拱形的吊顶设计让整个空间感觉像是一个人工洞穴。保龄球馆又和台球室在设计风格上完全不同，让整个休闲中心显得新颖独特。台球室内，球桌放在整个曲线形通道交接的地方，座椅则放在外围。保龄球中心还有一个咖啡厅，向休息的人们提供各种冷饮。由于整个休闲中心人员流动较大，各种形状的摆设放置在曲线通道的左右，凸显出通道。另外，整个宽敞的大厅还可稍作改动，就可用来举行大型的保龄球或台球比赛。

与其他保龄球中心相比，SM MOA 休闲中心风格独特，可谓独一无二，人们可在此与朋友一起打保龄球，娱乐身心。

台球室

大厅家具

咖啡屋座位和保龄球室长沙发

绘有艺术图案的柱子

外观

1.入口
2.大厅
3.控制中心
4.商店
5.台球室
6.餐厅
7.咖啡屋
8.过道
9.长沙发
10.发球区
11.保龄球道

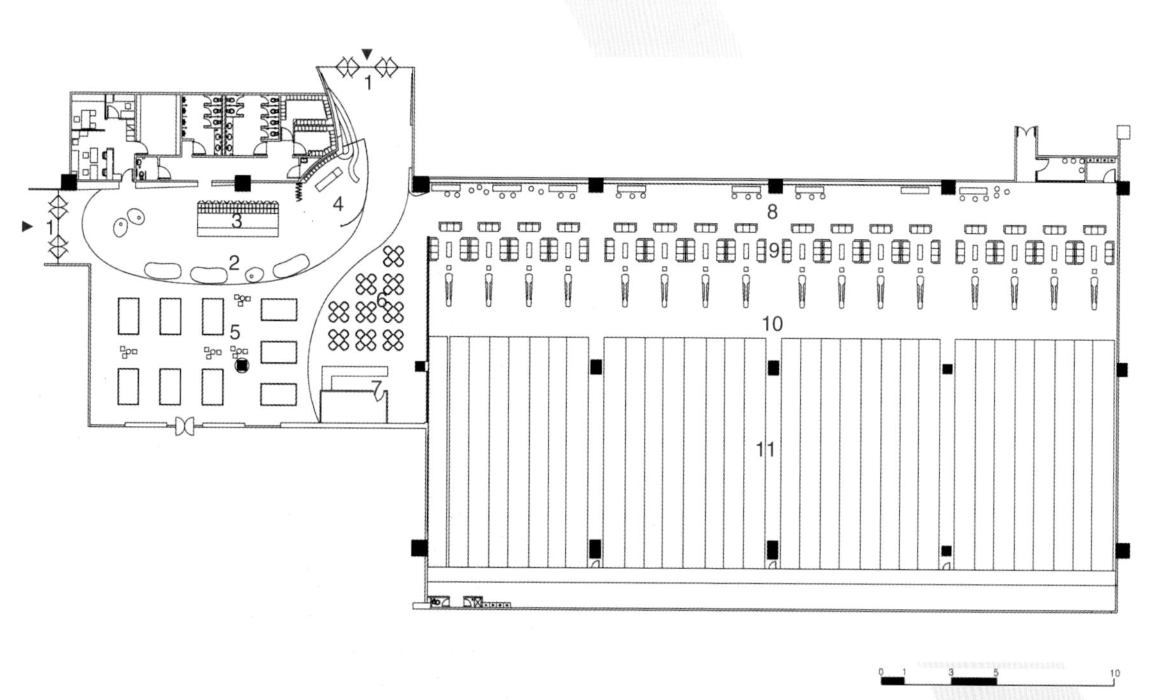

平面图

天普伦健身中心

设计:克劳迪奥·斯尔弗斯特林
参与设计:马里奥·纳尼,乔方公司,金一薪
地点:韩国首尔江南区
功能:健身中心
面积:8 000 平方米
终饰:大理石、柚木、木质挂帘、黄铜、玻璃
施工:UONE 设计公司
摄影:李炯星
编辑:崔志勋

五楼接待处

自古以来，奢侈品消费被认为是上层阶级的特权。如今由于特定文化在大众之中的普及，人们对上层阶级产生诸多不满，也对奢侈品消费颇多微词。而位于江南区的天普伦(拉丁文"寺院")健身中心却旨在消除人们对上流社会生活的消极认识，提供不一样的服务。

闻名世界的设计师克劳迪奥·斯尔弗斯特林和灯光设计师马里奥·纳尼携手合作，打造了这个"治愈型寺院"，表达新型的休闲理念。为了强调设计的"治愈"效果，设计师们突出一个"空"字，采用极少的材料，在形式上大走中庸之道，形成一个具有魔幻感的温馨愉悦的空间。设计上强调最大程度的私人空间，同时，为了让顾客感到亲切自然，设计师避免使用会让人产生疏离感的地毯和水泥材料，而是采用天然的木质和石料材质。

天普伦健身中心共有三层，位于整幢大楼的四、五、六层上。四层是健身中心和高尔夫球馆，五层是接待处和游乐场，六层则是游泳馆。公共空间和私人空间大多采用柚木和大理石材料，舒适温馨，体现"治愈"主题。而灯光也以柔和为要。虽然稍显幽暗的顶灯一点也不突出，但却在周围的墙壁上打出神秘的阴影，灵动活泼。四层的长廊最佳地体现了灯光设计的这一特色。长廊两边都是大理石墙壁，不规则排列的大理石让走在长廊中的人们有正在峡谷中游荡的错觉。通向庭院的入口处挂着一幅中国椿木制的帘子。帘子很大，却不显得厚重窒闷，而是让整个氛围更加优雅温馨。长廊的宽度不时变化，人们会无意间减慢自己行走的速度，体现"慢生活"理念。人们哪怕就是在中心随意走一走，也能体会到这里的治愈效果。六层的游泳中心由室内泳池和室外泳池构成。泳池的设备由世界闻名的设计师岗迪亚·布拉斯科设计，异国情调十足。另外，人们在游泳中心还可以欣赏到整个城市中心的景观，惬意放松。

设计师在体现奢侈生活的同时，又营造出一种静谧的氛围，为整日辛劳的人们提供一个治疗疲惫身心的理想场所。

四楼健身区

四楼高尔夫球练习室

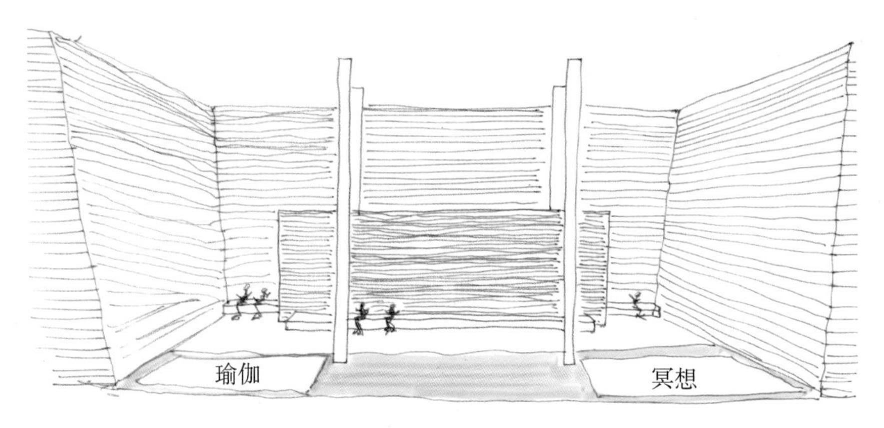

冥想园草图

楼梯

五楼洗浴中心

五楼走廊

六楼室内泳池

露天泳池

CGV文来影剧院

设计:里奇 P&C　金俊熙,尹勇俊
www.ridge.co.kr
地点:韩国首尔文来洞永登浦区 53,54-62 号
功能:剧院
面积:3 306 平方米
终饰:地面/瓷砖、地毯
墙面/瓷砖、涂漆玻璃、涂料
吊顶/涂料
施工:李俊建筑设计有限公司
编辑:河志熙

CGV
SWEET BAR
TICKET

1.售票处
2.甜点吧
3.休息室
4.贵宾休息室
5.门厅
6.大厅
7.放映室
8.盥洗室

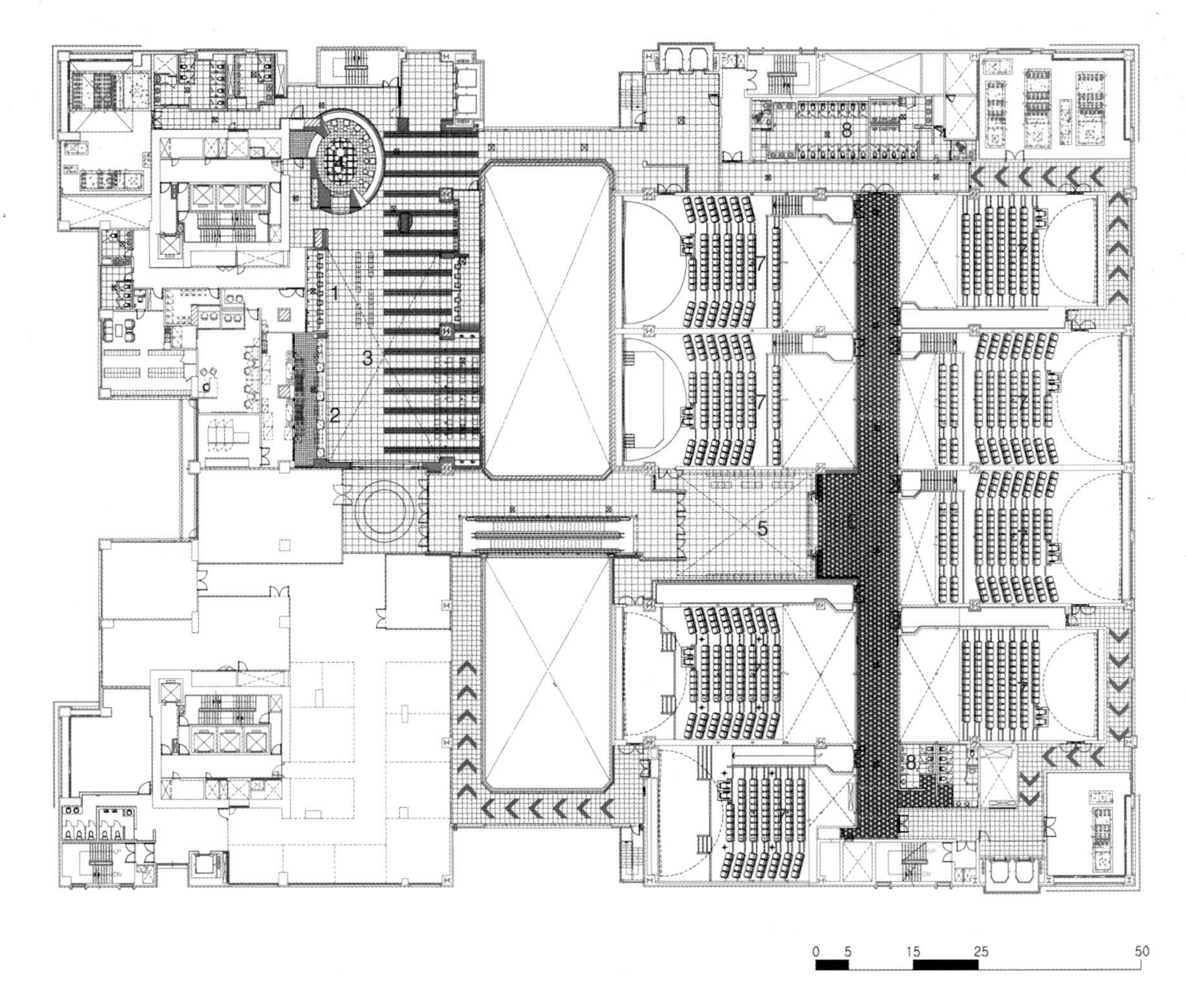

平面图

一般说来，人们看电影是希望在放松身心的同时，又能从新的角度体验人生。看电影可以暂时让人们逃离每天的日常生活，进入电影的世界，放松休息。基于这种乌托邦式的理念(这也是人们普遍的想法)，CGV影剧院就建在首尔文来洞的“SK领先风采”商住综合楼里，从而引起人们广泛的注意。

CGV影剧院在韩国有众多分院，旨在将多功能的娱乐设施与多元文化相结合，最大程度发挥影院的娱乐功能。这里已经不单是影院，还提供丰富的文娱活动，给人们带来极致的快乐休闲。同一个品牌往往设计相似，大同小异，几乎像从同一个模子里印出的一样，让人觉得单调，不甚耐烦。而CGV影剧院则打破了这一固定模式，每一家分院都体现出自己独特的设计和理念，新鲜有趣。因而，文来洞的CGV影剧院也颇具个性，与其他分院不同。虽然位于人口流动量最大的市中心地区，该影院却打造出纯净感性的氛围，让厌倦现实生活的人们在这样的闹市区也能找到一个避风港，修养身心。为使整个空间感觉高雅整洁，设计方面力求简单明了，以对称重复结构取胜。很多地方，比如放映室入口处和周围的墙面，都采用流线形半圆线条设计，富于变化、亲切自然。曲线设计在空间内不断重复，感觉舒适优雅。内部装修选用低调的色彩，造成一种几乎无色的假象。在这几近真空的无色环境里，人们插上想象的翅膀，自由做着各种色彩绮丽的美梦，离开现实，来到自己的梦幻之城。

CGV文来洞影剧院不仅是一家影院，也是一个娱乐休闲的好去处。这里纯净、亲切，是梦想从平常生活中游离出来的理想之地。人们不仅可以在此娱乐身心，还可体验多元的文化氛围，一举两得。

CGV
SWEET BAR
TICKET BOX
VIP/SERVICE
CGV

■ 电影院大厅

INTERNET ZONE
LOUNGE

LOUNGE

CGV
NOW SHOWING
NOW
COMING SOON
1 2 3 4
5 6 7 8

■ 门厅

5
6

■ 盥洗室

■ 走廊